ÉTUDE

SUR LES

INDICATIONS THÉRAPEUTIQUES

DANS LE TRAITEMENT DES

ASCARIDES LOMBRICOÏDES

(Lecture faite à la Société des Sciences médicales de Lille,
dans la séance du 15 novembre 1881.)

PAR LE D^r FR. GUERMONPREZ.

PARIS,
LIBRAIRIE ADRIEN DELAHAYE ET E. LECROSNIER,
Place de l'École-de-Médecine.

1882.

ÉTUDE

SUR LES

INDICATIONS THÉRAPEUTIQUES

DANS LE TRAITEMENT DES

ASCARIDES LOMBRICOÏDES.

DU MÊME AUTEUR

Affections sympathiques multiples causées par la présence des ascarides lombricoïdes dans l'intestin (*Journal des Sciences médicales de Lille*, 1880).

Vésanie causée par les ascarides lombricoïdes.

Étude sur les accidents sympathiques ou réflexes déterminés par les ascarides lombricoïdes dans le canal digestif de l'Homme, spécialement pendant l'enfance. Lecture faite à la Société des Sciences médicales de Lille, dans la séance du 9 janvier 1881. — Paris, 1881.

Revue de zoologie médicale. — Paris, février 1881.

Étude de zoologie médicale sur la linguatule, à l'occasion de deux cas de mort causée par la pénétration d'un poisson vivant dans les voies aériennes. — Paris, 1880.

Étude sur les psorospermies de la viande de boucherie. (*Revue méd. franç. et étrangère*, 29 janvier 1881.)

Sur l'huile de foie de morue. Communication à la Société des Sciences médicales de Lille, séance du 14 novembre 1879.

ETUDE

SUR LES

INDICATIONS THÉRAPEUTIQUES

DANS LE TRAITEMENT DES

ASCARIDES LOMBRICOÏDES

(Lecture faite à la Société des Sciences médicales de Lille,
dans la séance du 15 novembre 1881.)

PAR LE Dʳ Fʀ. GUERMONPREZ.

PARIS,

LIBRAIRIE ADRIEN DELAHAYE ET E. LECROSNIER,

Place de l'École-de-Médecine.

1882.

« Il serait utile aux progrès de l'art, de réunir les faits relatifs à la présence des vers ; .... ce serait alors une helminthologie **médicale**, qui pourrait guider les médecins dans leur **pratique**, au lieu des traités zoologiques sur les vers, qui ne leur donnent aucune notion ni sur la maladie, ni sur les remèdes à employer. »

Amédée Dupau. Revue méd. fr. et étr. 1825, I, 128.

« Les vers, dans le tube intestinal, occasionnent naturellement une surexcitation, et leur action morbide sur la membrane veloutée est toute physique : ils agacent continuellement, par leurs mouvements, les papilles nerveuses, et altèrent la sensibilité et les fonctions digestives du canal alimentaire. »

C. B. Chardon. Pathologie de l'estomac, des intestins et du péritoine.
Paris, 1833, II, 168.

« In immensum cresceret pagina, si omnia hùnc attexeremus anthelminthica ab authoribus tradita. »

Haud infimum locum in anthelminticorum ordine tenent *amara* ; ut semen santonicum, abrotonum, absynthium, tanacetum, gentiana, nuclei persicorum, etc.

Joseph Lieutaud. Synopsis Universæ praxeosmedicæ, pars-prima.
Amstelodami, 1765, I, p. 244.

Le nombre des médicaments qui tuent les ascaride lombricoïdes « est beaucoup moins grand, et leurs effets sont beaucoup moins certains qu'on ne le pense ordinairement; car il ne faut point que les médecins croient, avec le vulgaire, que toutes les substances que l'on a vu agir sur les insectes d'une manière marquée puissent avoir une action analogue sur les entozoaires au sein de nos viscères. »

Hipp. Cloquet. Faune des médecins.

« Les vermifuges, considérés d'une manière générale, sont extrêmement nombreux ; si nous jetons, en effet, un simple coup d'œil sur la liste des médicaments qui ont été, à tort ou à raison, décorés de ce nom, nous y trouvons : des émollients, des astringents, des toniques, des excitants, des diffusibles, des purgatifs et des narcotiques ; on peut donc dire que toute la pharmacologie a été mise à contribution pour combattre les vers intestinaux ; et les faits ne manquent jamais, comme de raison, pour confirmer les croyances populaires sur ce sujet, de même que sur beaucoup d'autres...... »

Guersant. Dict. en 30, XXXe vol. Paris, 1846, p. 658, art. Vermifuge.

ÉTUDE

SUR LES

INDICATIONS THÉRAPEUTIQUES

DANS LE TRAITEMENT DES

ASCARIDES LOMBRICOÏDES.

Si, dans le milieu parisien, on ne rencontre que rarement les ascarides lombricoïdes, il en est autrement dans quelques contrées de la province. Là, des praticiens se trouvent assez fréquemment aux prises avec un ensemble protéiforme de symptômes, qui est spécial à cet entozoaire. On l'a surtout-remarqué pendant certaines saisons, ce qui peut justifier, en partie du moins, l'expression « épidémie ».

Plus d'un médecin, dans ces circonstances a reconnu avec Underwood, que «tantôt on chasse ces parasites sans difficulté, tantôt on a bien de la peine à les détruire (1). »

---

(1) M. Underwood , *Traité des maladies des enfants*, trad de l'anglais. Paris, 1786, 228. — De Haen avait écrit à propos du traitement anthelminthique : « Remedia varia sæpe inutiliter adhibentur, sæpe pulchro cum eventu. » (*Prælectiones in Hermanni Boerhaavii Institutiones pathologicas*. Coloniæ Allobrogum, 1784, I, 565, 1.)

Plus d'un encore partage le sentiment que Munaret écrit à son correspondant hypothétique « la plupart des remèdes (classiques) sont infidèles, dangereux même, malgré l'approbation du Codex, et, tout médecin que je suis, je reste plus embarrassé que les bonnes femmes, chaque fois qu'il faut débarrasser mes enfants de ces insectes (*sic*) parasites ». (1)

On connaît la richesse numérique de la matière médicale à l'endroit des vermifuges et des vermicides. Cependant, malgré ces moyens nombreux et réputés infaillibles de détruire les vers, observent Beauclair et Viguier, nous voyons les praticiens, mécontents de leur emploi, à la recherche de remèdes nouveaux. (*Gaz. méd. de Paris*, 1853, p. 453.)

Il s'est même trouvé un médecin célèbre, (Joseph Franck. *Acta instituti clinici Vilnensi* p. 67) pour écrire que c'est à tort que l'on prétend attribuer à certains remèdes une faculté spécifique anthelminthique (2).

La réserve de Guersant est donc justifiée. Pour lui, « les vermifuges proprement dits ont une action plus ou moins directe sur (les ascarides lombricoïdes) une sorte de spécificité antivermineuse. Il est à la vérité assez difficile de bien constater cette propriété ; en effet, les vers intestinaux meurent spontanément comme ils se développent, (?!) et sont souvent expulsés, mêmes vivants du canal intestinal ou des autres organes par les seuls efforts de la nature. Il est en conséquence presque impossible de faire la part de ce qui peut être attribué à l'action du médicament, et de ce qui dépend de toute autre cause ». (3)

---

(1) Munaret, *Du médecin des villes et du médecin des campagnes*, 2ᶜ édition. Paris, 1840, 415.

(2) *Nouveau Journal de médecine, chirurgie et pharmacie*. Paris, mai 1821, XI, 124.

(3) *Dictionnaire* en 30 vol. Paris, 1846, art. VERMIFUGE, XXX, 659.

État actuel de la question.

Si nous recherchons les progrès accomplis depuis Guersant, nous trouvons que les auteurs contemporains ont appliqué aux ascarides lombricoïdes, les trois distinctions, qui se répètent avec une véritable banalité pour toutes les maladies parasitaires.

On distingue ainsi :

1° l'organe envahi ;

2° le caractère des troubles dont il souffre ;

3° la nature du parasite qui les provoque.

Ces distinctions ont leur intérêt, mais elles ne peuvent faire oublier que « le parasite n'est pas un élément qu'on puisse éliminer sans préliminaire ; tant qu'il est vivant, il s'efforce de demeurer où il trouve sa subsistance. Il faut le frapper lui-même, si c'est possible. Avant de tenter son expulsion, la première indication sera donc de tuer le parasite, la seconde sera de réparer les troubles qui résultent de ce parasitisme. » (A. Ferrand.) (1)

Tuer l'ascaride lombricoïde, tel a toujours été l'objectif des praticiens.

Daniel Sennert écrit au chapitre *indicationes* de son article *de lumbricis* : « Vermes, cum toto genere sint præter naturam, sui e corpore remotionem indicant ; quod fit, si interfiantur ; et per alvum expellantur............In primis verò, ut interficiantur, danda opera. Quamdiu enim vivunt, occasionem et vim nocendi habent, ac difficulter expelluntur : Interfecti

---

(1) A. Ferrand, *Thérapeutique médicale.* Paris, 1875, 785

autem facilius excluduntur. Ideo priùs interficiendi, vel certé stupefaciendi, ac feré exanimandi ». (1)

Trousseau, Pidoux et M. Const. Paul en doutent si peu, qu'ils distinguent les vermifuges des vermicides et réscrvent à ces derniers seuls le nom d'anthelminthiques en raison de l'action toxique qu'ils exercent sur les vers (2).

M. C. Davaine est moins convaincu, lorsqu'il écrit que « les vermifuges *paraissent* agir sur les vers, soit par une propriété véritablement toxique pour ces animaux, soit en leur rendant leur séjour antipathique ». (3)

Il n'est donc pas inopportun de rechercher, de constater (Guersant) ce qu'il y a de justifié et surtout ue réalisable dans la théorie qui donne comme but à la thérapeutique de « tuer les vers ».

---

(1) *Practicæ medicinæ liber tertius* , auctore Daniele Sennerto , ed. secunda. Parisiis, 1632.

(2) Trousseau et Pidoux, *Traité de thérap. et de mat. méd.*. 9e édit., par M. C. Paul. Paris, 1877, II, 1193.

(3) C. Davaine, *Traité des entozoaires et des maladies vermineuses*, 2e édit. Paris, 1877, 865.

Le semen-contra et la santonine préférés comme spécifiques anthelminthiques.

En fait, dans la pratique, on emploie contre les ascarides lombricoïdes deux catégories de vermifuges : d'abord les pur·gatifs, spécialement les drastiques, qui n'agissent en aucune manière sur le parasite et ne sont efficaces que sur le contenu de l'intestin, quelle qu'en soit la nature ; puis tous les médicaments dont le type est le semen-contra et son principal principe actif, la santonine.

Dans sa thèse du 12 mai 1881, M. le Dr Berquin a exprimé, sous le patronage du professeur Laboulbène, le sentiment de ses contemporains, lorsqu'il a formulé sa première conclusion en ces termes : « Le meilleur médicament à opposer à l'ascaride lombricoïde est la santonine ». (p. 62).

M. le Dr Elie Goubert affirme aussi que « de tous les vermifuges, la santonine est celui qui est le plus employé et réputé le plus efficace » dans le traitement des ascarides lombricoïdes (1).

Cette grande réputation n'est d'ailleurs pas récente. Avant la santonine, elle appartenait à ce produit que les anciens nommaient « *semen sanctum* » plus encore que semen contra vermes. Dioscoride indique son nom et sa propriété de tuer les lombrics. Il est certain que Pline n'était pas moins renseigné lorsqu'il écrit : Est et absinthium marinum, quod quidam seriphium vocant, probatissimum in Taposiri Egypti. Et il ajoute : amarum, stomacho inimicum, alvum mollit, pellitque animalia

---

(1) Dr Elie Goubert, *Des vers chez les enfants et des maladies vermineuses.* Paris, 1878, p. 51.

intereanorum. (*Hist. nat.* liber XXVII. Cap. VII *de alga et aclea, et de ampelagria et absinthio*). (1)

Alexander Trallianus, (Rome VIe siècle), l'aurait aussi recommandé contre les vers ronds. De même Saladinus vers 1450 et plus tard Ruellius, Dodonœus, les Bauhin et autres botanistes du XVIe siècle. Les médecins du temps sont plus explicites. Léonard Fousch (Tubinge 1542) écrit : « On use pour le iourdhuy d'Aluyne Santonicque (laquelle, comme dict est, est nommée du vulgaire semen lumbricorum) pour poulser hors des boyaux et tuer les vers qui s'y engendrent. Que si elle est vraye et naturelle, *certainement avec grande efficace on la peult bailler* tant aux ieunes enfans, que a gens d'eage. Pareillement est louée de plusieurs l'Aluyne Seriphie, contre les dicts vers, et à ceste cause est elle appelée « « la mort aux vers » » Aulcuns aussi la nomment semen lumbricorum, c'est à dire, semence contre les vers ». (2)

Amatus Lusitanus donne les deux formules les plus appréciées de son temps. La première paraît avoir valu le succès d'un charlatan (3). La seconde était choisie de préférence par

---

(1) Cette indication, bien qu'elle ne soit pas donnée par Flückiger et Hanbury, doit manifestement être rapportée aux ascarides lombricoïdes, puisque l'auteur s'exprime ainsi à la fin du chapitre XIII de ce même vingt-septième livre : « Sunt et gentium differentiæ non mediocres, sicut accepimus de tineis lumbricisque, inesse Ægypti, Arabiæ, Syriæ, Ciliciæ populis : e diverso Græciæ, Phrygiæ omnino non nasci. Minus id mirum, quam quod in confinio Atticæ Bœotiæque Thebanis innascuntur, cum absint Atheniensibus. » (C. Plinii secundi, *Historiæ mundi*, libri XXXVII, Basileæ, in officina Frobeniana, 1539, p. 497, 28.)

(2) *Commentaires très excellens de l'Hystoire des plantes, composez premièrement en latin par Léonarth Fousch, médecin très renommé, et depuis nouvellement traduictz en langue françoise par un homme scavant et bien expert en la matière.* Paris, 1549, ch. I, M.

(3) « Nursinus, qui publice per universam Italiam contra vermes, pulveres venales clamabat ita patentes et efficaces erant ut omnibus admirationi essent. » (Amati Lusitani, medici physici præstantissimi, *Curationum medicinalium centuriæ duæ, tertia et quarta.* Lugduni, 1580, 346.)

les médecins de Venise (1), particulièrement estimés de l'auteur. Or, de ces deux formules, la première a pour base le semen contra avec la coralline, la seconde le semen contra avec la graine de Macédoine.

Aussi n'y-a-t-il pas lieu de s'étonner de trouver à la date de 1716 cette expression enthousiaste : Usus ejus (seminis santonici), adeo vulgatus est, ut de eo quid commemorare supervacaneum sit (2).

Les auteurs spéciaux n'ont pas su s'en défendre. Rudolphi lui-même écrit dans son chapitre XXI *de anti-helminthicis*, au § 4, intitulé medicamenta **vermes vi venenosâ enecantia**, seu antihelminthica vera, en ces termes, sans y ajouter ni réserve, ni restriction : « Artemisiæ judaïcæ sive Cinæ semen, ... *contra Ascarides lumbricoïdes medicamentum* **probatissimum**. (3) »

Bremser, en 1828, range aussi le semen-contra parmi les remèdes qui agissent *d'une manière spécifique* contre les ascarides lombricoïdes.

Il est donc d'une réelle importance de rechercher la valeur du semen-contra et de la santonine comme moyen de « tuer les ascarides ».

Nous ne pouvons ne pas signaler l'avis du professeur Ad. Gubler, à savoir que le principal but de l'emploi thérapeutique de ce médicament est d'exercer une action toxique sur les vers intestinaux (4).

---

(1) « Porro Veneti medici, viri me hercle doctissimi et sapientissimi, pro interficiendis vermibus, et ipsis abigendis, hoc utuntur condito. » (*Ibid.*, 347.)

(2) Michaelis Bernhardi Valentini, *Historia simplicium reformata*, e lingua Belgica primum in Germanicam translata, nunc vero Latinitate donata a Christophoro Bernhardo, Valentini M. B. filio. Francofurti ad Mænum, 1716, 91, 1.

(3) Carolo Asmundo Rudolphi, auct. *Entozoorum sive vermium intestinalium historia naturalis.* Amstelædami, 1808, vol. I, p. 495.

(4) Ad. Gubler, *Commentaires thérapeutiques du Codex medicamentarius*, 2ᵉ édit. Paris, 1874, 374.

C'est presque le langage d'un vieil auteur, marchand épicier et droguiste : « la principale vertu du *semen contra vermes*, écrit Pomet, est de faire mourir les vers qui s'engendrent dans le corps humain et surtout dans celui des petits enfants ». (1)

Malheureusement on ne trouve rien qui confirme, rien qui justifie ces affirmations purement théoriques.

Ces affirmations sont même à ce point contestables que A. Vogel ne craint pas de l'affirmer : « les résultats de la santonine ne sont pas, à beaucoup près, aussi brillants qu'on a bien voulu le prétendre ». *Traité élément. des maladies de l'enfance.* Paris. 1872. 211.

Il importe dès lors d'en rester aux faits.

---

(1) *Histoire générale des drogues simples et composées.* Paris, 1735, I, 2.

Action de la santonine sur les ascarides.

Les expériences de Küchenmeister sont des faits positifs ; et, d'après ces faits, il est constant que les ascarides lombricoïdes peuvent vivre quarante heures dans une infusion de semen-contra (1).

Nous-même avons eu, par deux fois, la bonne fortune de disposer d'un ascaride lombricoïde encore vivant et expulsé spontanément. Nous avons voulu mettre à profit ces deux occasions pour étudier et pour constater le mode d'action de la santonine.

Pour que l'expérience soit faite dans des conditions aussi satisfaisantes que possible, l'ascaride lombricoïde a été observé tout d'abord dans un mélange de lait et d'eau maintenu à une température aussi voisine que possible de 37°. Nous avons ainsi constaté la couleur rouge sale, les mouvements ondulatoires assez réguliers du parasite ; et c'est après l'avoir observé dans ce même état pendant environ une heure, que nous l'avons transporté dans un mélange d'eau et de lait, préalablement saturé à chaud de santonine, et dans lequel se trouvait de la santonine en excès.

L'animal présente dans ce nouveau milieu une couleur d'un rouge grisâtre beaucoup moins foncée que sa couleur naturelle ; sa surface au lieu de rester presque transparente, devient terne et comme pulvérulente ; les mouvements, plus

---

(1) Küchenmeister, *Archiv. für physiol. Heilkunde*, t. IV, 1851, et *Arch. gén. de méd.* Paris, 1852, t. XXIX, 205. — Cf. Rabuteau, *Eléments de thérapeutique et de pharmacologie.* Paris, 1877, p. 952.

répétés, sont d'emblée beaucoup plus rapides, plus multipliés, ont encore une forme d'ondulations, qui ne peut être mieux comparée qu'aux mouvements des serpents ou des anguilles. Outre ces ondulations, l'animal présente souvent un enroulement en spirale, tantôt de l'extrémité postérieure, tantôt et plus souvent de l'extrémité antérieure de son corps. Ces mouvements, après s'être succédé rapidement pendant deux à trois minutes, se ralentissent progressivement et reprennent peu à peu la forme simplement ondulatoire.

Il n'y a cependant pas un quart d'heure que l'animal séjourne dans la solution saturée de santonine. A ce moment aussi, la couleur est d'un rouge plus normal et la surface est d'aspect moins pulvérulent, surtout dans toute la partie moyenne du corps du parasite.

Puis, pendant une heure environ, l'animal demeure presque immobile ; et, toutes les fois qu'il est replacé dans le mélange d'eau et de lait, il reprend, bien qu'avec plus de lenteur et moins d'étendue, les mouvements décrits avant son premier séjour dans la solution de santonine. Replacé à nouveau dans cette solution saturée, le ver y exécute quelques ondulations plus rapides, mais beaucoup moins remarquables que la première fois : il semble s'habituer à ce nouveau milieu.

Ce fait ayant été constaté à plusieurs reprises, l'action de la santonine fut condensée plus directement sur la partie principale du corps de l'animal. Cette substance pulvérisée fut accumulée en abondance sur l'extrémité antérieure du corps du parasite. L'animal présenta alors la décoloration et l'aspect pulvérulent, mais dans la limite restreinte de l'extrémité antérieure seule de son corps. Aucun mouvement d'enroulement. Un quart d'heure plus tard, l'animal reprend la même allure que dans le simple mélange d'eau et de lait.

Dans nos deux faits, l'observation fut encore prolongée pendant plusieurs heures, sans que l'animal perdît sa couleur rouge, ni sa demi transparence, ni ses mouvements normaux ; l'expérience fut terminée de la même manière dans

les deux cas ; le liquide ne fut pas conservé à la température
voulue ; l'animal fut trouvé mort dans le liquide refroidi.

Quelques critiques pourront penser que les deux observations ci-dessus, sont, comme les expériences de Rédi, Baglivi,
Chabert, etc., sans résultat utile pour les indications du
traitement.

Il faut reconnaître cependant que nos observations portent
sur les parasites de l'Homme et justifient par là l'attention des
médecins.

Ce sont des faits ; et il est à tout le moins intéressant de les
rapprocher de l'observation de M. Romain Moniez pour les ascarides du chien, (*ascaris mystax*).

Trois chiens âgés d'environ trois mois, présentent à diffé-
rentes reprises des convulsions épileptiformes peu graves ; ils
sont tristes et mangent peu ; sans que rien ait éveillé l'attention
la veille , ils refusent de manger ; se blottissent dans un
coin et meurent au bout de 24 heures, sans accidents nerveux
et dans une sorte de torpeur. On trouve 40 à 50 ascarides enroulés dans le duodenum et le jejunum et aucune lésion. Un
quatrième chien restait, frère des trois précédents, plus gai,
plus vigoureux : on lui administre 12 à 15 centigr. de santonine en deux fois à quelques heures d'intervalle. Peu d'instants
après surviennent des convulsions épileptiformes extrêmement
violentes, survenant de dix en dix minutes et sans coma in-
tercalaire. Dans l'intervalle des attaques, le chien court avec
impétuosité droit devant lui jusqu'à ce qu'il vienne butter
contre un obstacle, et tombe ; il est aveugle et manifeste une
tendance à se diriger vers la gauche ; il pousse des hurlements,
se tord, frappe la tête contre le sol. Plus tard les accès sont
séparés par du coma, qui dure chaque fois de plus en plus
longtemps et c'est pendant le coma que survient la mort. Les
accidents épileptiformes avaient duré plusieurs heures. On
trouve comme chez ses frères un très grand nombre d'ascarides
dans le duodenum ; mais cet intestin est trouvé fortement con-

gestionné dans toute son étendue ; il est rempli de bile. (*Bull. sc. nord. sept, et oct. 1879*).

Il est évident que dans ce cas la santonine a été nuisible.

Or ce n'est pas à titre de substance toxique pour le chien, qu'à la dose de 12 ou 15 centigr. elle a déterminé la mort. L'expérience l'a mainte fois établi, même pour des chiens encore jeunes.

Donc, c'est par son action sur les ascarides que la santonine a été nuisible.

Cette conséquence, bien que rigoureusement logique, pourra étonner quelques lecteurs. La santonine, si habituellement employée dans le traitement des ascarides lombricoïdes, ne peut que difficilement être considérée comme nuisible par le fait même de son action sur ces parasites.

Il ne faut cependant pas affirmer sans réserve la confiance absolue des anciens au sujet du semen contra.

L'observation clinique est, pour les anciens comme pour les modernes, le meilleur *critérium*.

Les doutes et les contradictions relativement à l'efficacité du semen-contra.

C'est en effet du commencement du siècle que date ce doute. « La *sementine, barbotine* ou *semen-contra*, dont chacun connaît l'odeur forte et aromatique et la saveur amère et âcre, qualités auxquelles elle paraît devoir *toute son efficacité*, et qui la font entrer dans presque toutes les compositions vermifuges, » exige des précautions pour son administration ..... « et il faut presque toujours *avoir soin de l'associer* avec un purgatif qui détermine l'expulsion des vers que la sementine a empoisonnés. » (1)

Bremser avait écrit de son côté : « J'en ai pris (du semen-contra), étant enfant, *une grande quantité, mais aussi je ne fus pas débarrassé de mes vers* (ascarides lombricoïdes). » (2)

Vers la même époque, Broussais enseignait qu'il peut être dangereux de combattre les vers par les anthelminthiques, lorsqu'il est probable que les vers ont produit.... une irritation de la muqueuse digestive. Il insiste en particulier sur une espèce d'épidémie à Udine. « Quand je voulais essayer les *amers dits vermifuges,* j'en voyais résulter tant d'accidents, que je me hâtais de revenir au traitement édulcorant et sédatif (3) ». Deux des observations de Broussais sont particulièrement intéressantes à ce sujet, l'une ii. 565, l'autre iii.-123.

---

(1) Hippolyte Cloquet, *Faune des médecins.* Paris, 1822, II, 132-133.

(2) Bremser. *Traité zoologique et physiologique sur les vers intestinaux de l'homme*, trad. de l'allemand par M. Grundler. Paris, 1824-28. p. 415.

(3) F.-J.-V. Broussais, *Histoire des phlegmasies ou inflammations chroniques,* 4e édit. Bruxelles, 1828, III, 120.

2

L'enseignement de Guersant concordait remarquablement avec les préceptes de Broussais. « J'ai vu souvent, écrit ce judicieux médecin d'enfants, des affections intestinales *aggravées* par l'administration imprudente des vermifuges ». Et plus loin, son conseil est très précis : toutes les fois qu'il y a entérite, pneumonie et en même temps des ascarides lombricoïdes, dans ce cas, « il faut négliger la complication vermineuse, même dans les épidémies, jusqu'à ce que les symptômes de l'affection principale soient détruits ». (1)

Ce n'est pas seulement en France que des accidents de cette nature ont été relatés.

Sans recourir aux faits publiés par Rose, par Jablonovsky, par Krauss, le professeur *Arnaldo Cantani*, (de Naples), signale des symptômes graves, même pour des doses de santonine bien proportionnées à l'âge des malades (2). Et il signale à l'appui des observations d'assoupissement, perte de connaissance, convulsions générales, épilepsie, trismus, tendance à marcher à droite, etc., en prenant le soin de citer les noms de Spengler, de Posner, de Lavater, de Lohrmann. Plusieurs fois, ajoute-t-il, ces accidents se sont terminés par la mort, une fois dans le coma de plus en plus complet, (cas de Grimm), et trois fois au milieu de convulsions générales (cas de Wäckerling). (3)

Plus récemment, M. le Dr Testa a appelé l'attention sur l'emploi et l'abus trop fréquent que l'on fait de la santonine et s'est efforcé de montrer que ce médicament possède une action toxique, à des doses même relativement faibles (4).

---

(1) *Dictionnaire* en 30 vol. Paris, 1846, art. VERS, XXX, 688.

(2) « Qualche volte anche dosi regolari possono produrre fenomeni inquietanti di avvelanamento. » (Arnaldo Cantani, *M. di materia medica e terapeutica.* Milan, 1869, II, 695.)

(3) « Più volte si vide seguire persino la morte : Cosi una volta nel coma crescente da Grimm e tre volte in mezzo alle convulsioni generali da Wackerling. » (*Ibid.*)

(4) *Il Morgagni*, 1881, et *Journal de Médecine de Paris* du 21 janvier 1882.

Il serait hors de propos d'accumuler les observations d'accidents nerveux survenus peu de temps après l'administration de
la santonine chez l'Homme. Ce qu'il importe de noter, c'est que
les accidents nerveux sont survenus dans ces circonstances,
sans qu'on ait signalé ni dyschromatopsie, ni hallucination,
ni coloration des urines, ni aucun autre des troubles ordinaires
après **absorption** de fortes doses de santonine.

Ce sont là des faits que l'on observe rarement, mais dont
l'importance ne peut pas être proportionnée au nombre.

Il est un autre détail que connaissent tous ceux qui ont poursuivi quelques recherches sur ce sujet. C'est cette espèce de
contradiction, qui existe parmi les auteurs, relativement à la
posologie de la santonine. Les uns, hésitant à en donner de pe-
tites doses, l'administrent en 24 heures d'intervalle et y joignent
un purgatif, (scammonée ou autre); leur timidité semble leur
faire craindre une dose trop forte ou un trop long séjour dans
l'intestin. D'autres médecins, au contraire, donnent la santonine à doses réellement massives : ils déterminent la dyschromatopsie, des hallucinations, une coloration, soit jaune, soit
rouge amarante des urines, parfois encore des vomissements,
des coliques et de la diarrhée, et ces mêmes médecins per-
sistent à recourir aux doses massives. La cause d'une si pro-
fonde différence est évidemment que les premiers ont été
intimidés par des accidents graves ; on a même affirmé des cas
de mort ; tandis que les seconds n'ont jamais observé d'accidents fâcheux.

Il est d'une réelle importance de chercher une interprétation
justifiée pour expliquer des résultats aussi opposés.

Danger possible du semen-contra, si les ascarides sont nombreux.

Éliminons d'abord l'hypothèse des idiosyncrasies ; elles devraient être spéciales aux médecins, et non pas aux malades.

On ne peut soutenir que les ascarides ont été fatigués par un médicament antérieur, ou par l'emploi progressif et répété de la santonine : les médecins, qui emploient les doses massives, sont aussi ceux qui ne croient pas utile de préparer l'action anthelminthique par un médicament antérieur.

On ne cherchera pas davantage à expliquer cette bénignité par le petit nombre des parasites. Les faits d'accidents sympathiques graves causés par un très petit nombre d'ascarides sont trop connus et trop incontestés. Dans l'observation de Maximilien Stoll, il n'y avait qu'un seul ascaride lombricoïde (*Rationis medendi*: T. IV. Vienne. 1789. p. 111).

Il importe donc d'examiner l'animal lui-même encore vivant et d'observer ses mouvements.

Il n'est pas indispensable d'avoir le parasite de l'Homme ; on peut avoir une idée assez exacte des mouvements étendus et très énergiques du *lombricoïde*, lorsqu'on examine les ascarides de la tortue grecque, les *agamonema* de la morue, (qui sont tout à fait communs dans les viscères du cabeliau de tous les marchés aux poissons de France), ou encore les nématodes parasites de quelque autre vertébré à sang froid.

Tous ces animaux présentent l'avantage de ne pas souffrir de la température ordinaire et se prêtent ainsi à une observation prolongée.

On constate aisément que, sous l'influence d'un corps désagréable ou irritant quelconque, ou pour toute autre cause, ces animaux se livrent à des mouvements ondulatoires étendus, s'enroulent les uns sur les autres, se pelotonnent, se mettent en paquets, dont l'épaisseur varie à chaque instant, agissent en un mot comme corps étrangers vivants et irritants. Tout ce fouillis se voit presque par transparence, se constate avec la plus grande facilité, et pendant plusieurs heures consécutives, lorsqu'on ouvre le corps d'une tortue grecque par un trait de scie donné sur chacun des bords du plastron à peu près au niveau de la suture dentée des pièces sternales avec les pièces marginales de la carapace. C'est du moins ce que nous avons pu observer sur toutes les tortues grecques que nous avons achetées à Lille pendant ces trois dernières années.

Cælius Aurelianus paraît être le premier qui ait fait cette observation sur l'Homme : Vermes aliquando sponte connexos in sphæræ similitudinem ; aliquando plurimos amplexu mutuo vinculatos ,...... excludi: (*De morbis acutis et chronicis*, lib. IV, cap. VIII.)

Ce sont aussi des agglomérations de ce genre que De Haen a dû observer : vidi glomeres vermium fere pugnum magnos, intertextos glutini, sic alvo excretos (*Loco citato*. 565). Bien d'autres ont observé plus récemment ces évacuations de pelotons paquetés d'ascarides sans aucune matière stercorale.

Il y a plus, Maximilien Stoll (*loco citato* p. 491), rapporte ses propres observations et celles de Rosenstein. Pour eux, la présence des vers intestinaux se manifeste *très souvent* (frequenter) par une tumeur subite dans l'abdomen, tumeur qui souvent disparaît en peu de temps ou qui s'étend, se produit ailleurs ou en fait naître d'autres.

Plus près de nous (1854), le *Journal de médecine et de chirurgie pratiques* reproduit une communication du Dr Borson, à la Société médicale de Chambéry. « Une jeune femme, entrée à l'Hôtel-Dieu depuis peu de jours, portait dans la fosse iliaque gauche une tumeur de 15 centimètres de diamètre.

M. Borson se disposait à convoquer les chirurgiens de l'hôpital pour éclairer avec eux le diagnostic de cette tumeur, lorsque cette femme rendit un ver par la bouche. Il lui administra incontinent le vermifuge dit des demoiselles Garbillon, et la malade rendit peu après des vers au-delà de la moitié de son vase de nuit ; la tumeur disparut aussitôt. »

Tous les ouvrages spéciaux contiennent de nombreuses observations d'obstructions intestinales, trop souvent mortelles et causées exclusivement par des masses d'ascarides enroulés, intriqués, enlacés les uns dans les autres, formant des paquets, des pelotons parfaitement constatés à l'autopsie.

On a vu plus haut comment la santonine, non plus que le semen-contra, ne tue pas net l'ascaride lombricoïde : on a vu comment le nématode est simplement irrité par l'action du médicament ; et il n'est que juste de conclure que, sous cette action irritante, les ascarides groupés en pelotons chercheront à fuir le médicament et se livreront dans ce but à des contractions énergiques et à des mouvements étendus et répétés, d'où résultera une gravité de plus en plus grande de l'obstruction intestinale.

Il n'est donc pas indiqué d'employer le semen-contra ou la santonine, — surtout à l'état de médicament isolé, — pour combattre les accidents déterminés par la présence de nombreux ascarides dans l'intestin.

Reste à examiner, si l'indication de ces médicaments est justifiée contre les accidents déterminés par un petit nombre de ces vers.

Danger possible, si les ascarides sont de grande dimension.

Éliminons tout d'abord l'hypothèse de certaines excrétions, que pourraient émettre ces entozoaires, excrétions qui n'ont été constatées, ni par les observations anatomiques, ni par les recherches physiologiques.

On a vu plus haut que la santonine imprime à la peau du parasite une modification, d'où résulte un aspect pulvérulent et dont nous n'avons pu parvenir à élucider le mécanisme.

On observe, non pas toujours, mais parfois, des poils courts, solides, dirigés obliquement vers la partie postérieure du corps et rangés assez régulièrement sur le bord postérieur de chacun des anneaux, que l'on distingue aisément à la surface du corps du parasite (1).

Des observations plus récentes nous ont indiqué deux particularités importantes à ce sujet : c'est d'abord que les poils dont nous parlons, n'existent jamais sur les ascarides encore jeunes ; c'est ensuite que ces poils sont d'autant plus forts, que le parasite est plus long et partant plus âgé.

Par cette particularité, s'explique l'observation pronostique des anciens au sujet des ascarides de grande dimension. « Deteriores verò sunt majores (lumbrici) minoribus ; multi paucis ; rubri albis : *Paulus Egineta lib.* 4 cap. 28 et *Aëtius*

---

(1) *Etude sur les accidents sympathiques ou réflexes déterminés par les ascarides lombricoïdes dans le canal digestif de l'homme*, *spécialement pendant l'enfance.* Paris, 1881, p. 62.

Il importe de ne pas confondre ces poils avec les cavités cylindro-coniques, que Leuckaert a décrites dans la couche superficielle de la cuticule. On fera aisément la différence en examinant un pli de cette peau. Les poils seuls font saillie.

lib. 9, cap. 39 (1) ». La lecture des observations plus ou moins circonstanciées des cas de mort ou des cas d'accidents sympathiques montre toujours l'une de ces trois circonstances, soit des ascarides en très grand nombre, soit des ascarides vivants et par conséquent rouges, soit enfin des ascarides de longue dimension et par conséquent pourvus de poils très nets étendus sur la surface du corps.

Il est à remarquer que, dans ce dernier cas, il n'est pas nécessaire que les parasites soient en nombre, pour déterminer des accidents.

Et en effet les poils, disposés par rangées à peu près à la manière des dents d'une herse, peuvent exercer sur la surface de la muqueuse digestive une irritation, une sorte de chatouillement, une vellication si l'on peut ainsi dire avec Broussais (*loco citato*. 122) et Trousseau (Cliniq: I. 188), pour franciser le qualicatif vellicantem que les anciens auteurs attribuaient à l'ascaride lombricoïde.

De même, si c'est cette action de vellication, qui est le point de départ, la cause des accidents réflexes, il n'est pas nécessaire que les parasites, soient en nombre, pour que cette vellication ait une grande importance.

Enfin, il est évident que la santonine, par l'excitation qu'elle cause, par les contorsions qu'elle provoque dans le corps du parasite, augmente, exagère, pendant un certain temps du moins, cette action vellicante.

En résumé,

le point de départ des accidents est dans l'une des deux circonstances suivantes : soit la vellication causée par les vers de longue dimension, soit le pelotonnement de nombreux ascarides formant distension et même obstruction du canal intestinal.

---

(1) Daniel Sennert, *Practicæ medicinæ liber tertius*, cap. De Lumbricis, editio secunda. Parisiis, 1632, 188, 2.

Dans l'un comme dans l'autre cas, l'irritation déterminée par la santonine sur les parasites devient nuisible à l'hôte qui les porte : dans le premier cas, la vellication, augmentée, provoque ou exagère les accidents sympathiques ; dans le second cas, les contorsions de tous les vers pelotonnés exagèrent la distension de l'intestin et en rendent l'obstruction plus imminente (1).

Rien de semblable, si les ascarides ne sont ni très anciens, ni excessivement nombreux ; c'est ce qui justifie les succès constants des médecins, dans les pays où ces parasites sont peu fréquents ; c'est ce qui explique l'absence d'accidents entre les mains des mères de famille, qui, *par principe*, donnent périodiquement des doses parfois considérables de santonine à leurs enfants.

_____

(1) Quelque conclusion analogue a dû être écrite par Betz, et le professeur Cantani l'accepte pour quelques cas : *talvolta* (*loco cit.*, 695).

Comment, en pratique, les dangers sont souvent écartés par l'action d'un évacuant.

Il se trouve d'ailleurs bien des auteurs, qui ne se servent de la santonine, qu'en y joignant un purgatif.

C'est ainsi que Küchenmeister et ensuite le professeur Cantani, Brisbane (1), Jean Duval (*Thèse de Paris*, 1880) et d'autres y associent l'huile de ricin. On sait que le professeur Ch. West fait prendre le soir 10 à 15 centigr. de santonine et le lendemain matin à jeun une bonne dose d'huile de ricin. Et il fait répéter ce traitement deux autres fois consécutivement (2).

Hippolyte Cloquet (*Faune des médecins*, ii. 133) et Gœlis ajoutent le calomel à la santonine.

Bremser et le Dr Baylet y ajoutent le calomel ou le jalap.

Brera et plus tard Vogel (*Mal. de l'enfance*. Paris, 1872, p. 211) le jalap seul ; Cruveilhier les follicules de séné, etc ; le Dr Anciaux (3) le calomel et la scammonée ; et beaucoup de pharmaciens de la scammonée, des pruneaux ou de la rhubarbe.

Il est utile de joindre un purgatif à la santonine, c'était l'avis de Lieutaud (4) ; M. B. Valentinus écrit que c'est sagesse (5).

(1) *Medical Times and Gazette*, 1860, I, 589, et *Bull. thérap.*, 1861, LX, 562.

(2) Ch. West, *Leçons sur les maladies des enfants*, trad. par Archambault, 2e éd. franç. Paris, 1881, p. 793.

(3) *Bull. de thérap.*, 1856, 2e sem., p. 396.

(4) « Il n'est pas douteux que les *purgatifs*, et surtout les *mercuriels*, ne soient les meilleurs vermifuges.... L'efficacité des *contre-vers* a été beaucoup contestée et l'est encore ; mais, sans entrer ici dans ces discussions, nous dirons que le *semen-contra* et les autres *amers*, la *limaille de fer*, etc., etc., sont les vermifuges les plus en usage : on les mêle communément *avec les purgatifs*, et *cette pratique est très bonne.* » (Lieutaud, *Précis de la médecine pratique*, 4e édition, 1787, III, 321.)

(5) « Ad quod præcavendum damnum summe necessarium est ut semen santonici non per se, verum stimulantibus, rhabarbaro, spec. disturb. c. rhub. similibusque mistum demus quo, simul ac enecati sunt educantur. » (*Loco cit.*, 91, 2.)

On a vu plus haut l'avis d'Hippolyte Cloquet. Le Dr Foy pense que l'action des anthelminthiques n'est certaine, que si on associe ces médicaments avec les purgatifs cathartiques ou drastiques (1).

M. C. Davaine constate aussi que l'on favorise l'action des vermifuges par l'administration de quelque purgatif (2).

MM. D'Espine et Picot sont en même temps plus précis et plus complets, en prescrivant que l'administration de la santonine « sera répétée plusieurs jours de suite ; elle sera suivie de celle d'un léger purgatif, qui facilitera l'expulsion des vers... On fera suivre l'expulsion des vers d'un traitement tonique ». (3)

Sans vouloir affirmer, avec Franck, que l'action des anthelminthiques est nulle, on peut donc attribuer une importance considérable à l'action évacuante de la médication de bien des praticiens.

« Le vomitif peut cependant, par ses secousses, observe Rosen, faire lâcher prise aux vers et les chasser quelquefois. Brouzet, *Educ. médic. des enfans.* II. 60, le prouve. On l'a aussi démontré à Gottingue, dans une thèse soutenue sous la présidence du Dr Vogel, *de usu vomitor. ad expelland. vermes.* 1765. Les expériences heureuses, qu'en ont faites Monro et Strandberg, devraient engager les médecins à mettre ce moyen curatif en usage plus qu'on ne le fait, pour calmer les symptômes vermineux ». (4)

Broussais (*Phlegm. chron.* III), et bien d'autres ont profité de ce conseil.

---

(1) F. Foy, *Traité de thérap.* Paris, 1843, II, 390.

(2) *Loco cit.*, p. 228.

(3) D'Espine et Picot, *Manuel pratique des maladies de l'enfance*, 2e édition. Paris, 1880, p. 451.

(4) W. Rosen de Rosenstein, *Traité des mal. des enf.*, trad. du suédois. Paris, 1778, p. 402.

Mais l'observation de Méplain est, sans contredit, la plus curieuse.

Il s'agit d'une fille de 22 ans, qui, ne pouvant prendre aucun remède et sur le point de périr, évacua un grand nombre de lombrics par l'effet d'une solution de tartre stibié injectée dans la veine médiane, et qui fut ainsi rendue à la santé (1).

Ce fait est assez probant.

Il est donc établi d'abord que dans l'emploi de la santonine, il convient d'ajouter un purgatif et mieux encore de faire suivre l'usage de la santonine par l'administration d'un purgatif.

Il est établi en outre que la méthode évacuante est, par elle-même, utile contre les ascarides.

Mais la méthode évacuante n'est pas applicable dans tous les cas.

---

(1) C. Davaine, *Traité des entozoaires et des maladies vermineuses*, 2ᵉ édit. Paris, 1877, p. 133.

L'observation et l'expérience justifient l'emploi des toniques et des amers.

Antoine De Haen, (de Vienne), expose ainsi les ressources thérapeutiques de son temps : « Laudari solent contra vermes amara quœque, tum solâ amaritie et stimulo agentia, tum vi solvente et purgante ». Il en présente ensuite cette interprétation : « Hœc enim omnia mucum abundantem, in quo vermes nidulantur, solvunt, abstergunt ; stimulant ventriculum ac intestina, ut mucum deponant, cum quo simul vermes sœpe vivi expelluntur ». (1)

L'helminthologiste Brera ne croyait pas « à la propriété spécifique de tuer les vers et de les expulser hors du corps ». Il distinguait et appliquait suivant les cas deux méthodes de traitement, la première par les évacuants, la seconde par les toniques amers (2).

C. J. B. Comet affirme aussi que « les amers et les purgatifs sont les anthelminthiques par excellence ». (3)

Hipp. Cloquet l'explique en disant que « pour agir d'une manière rationnelle, il faut avant tout que, par le mode de traitement employé, on puisse tuer le ver, l'expulser, et empêcher son développement ultérieur ». (4)

---

(1) A. de Haen, *Prœlectiones in Hermanni Boerhaavi Institutiones pathologicas*, Coloniæ Allobrogum, 1784, I, 565, 1.

Boerhaave lui-même avait écrit, nº 1372 : « Expellendo lombricos vivos enectosve ope purgantium, amarorum, phlegmagorum, mercurialumque. » (*Aphorismi de cognoscendis et curandis morbis in usum doctrinæ domesticæ*, digesti ad Hermanno Boerhaave. Lipsiæ et Halæ, 1729, 512.)

Rösen exprime (1778) une opinion analogue. (*Loco cit.*, 411)

(2) Brera, *Traité des maladies vermineuses*. Paris, an XII, 236.

(3) *Instruction sur les mal. des enf.* Paris, 1818, 98.

(4) *Faune des médecins.* Paris, 1822, II, 123.

Un praticien expérimenté affirme que les médicaments non spécifiques en usage contre les vers « appartiennent particulièrement à la classe des purgatifs, des toniques et des excitants. C'est souvent à la combinaison de ces divers moyens réunis que sont dûs les succès des traitements anti-vermineux (1). »

Il n'est donc pas inopportun de rappeler avec M. A. Ferrand, (*Thérapeutique médic.* Paris 1875, 794), que le but de l'action thérapeutique est, ou bien de frapper directement le parasite, ou bien d'en déterminer l'expulsion. Quand le premier but est inaccessible, faute d'un véritable et efficace vermicide, il reste à atteindre le second par un bon vermifuge, c'est-à-dire par un médicament, qui soit délétère pour les vers, sans agir sur l'économie du malade (Bouchardat).

Cet idéal n'est certes pas réalisé par le vermifuge le plus réputé, par la santonine. Sur les vers, elle exagère l'action nocive du parasite ; sur le malade, elle a une action qui n'est pas toujours sans importance.

Lors donc que l'action des évacuants n'est pas particulièrement indiquée, il y a lieu de diriger l'action thérapeutique, non pas vers le parasite lui-même, mais bien sur l'intestin qui le renferme.

Il existe en effet un état de l'intestin qui constitue l'état *d'opportunité morbide,* de *réceptivité,* si l'on peut ainsi dire, pour les ascarides lombricoïdes. C'est là un fait connu de longue date.

Ettmuller l'indique avec les erreurs de son époque : « tant qu'il coulera dans les intestins une bile bien constituée, il ne s'y engendrera aucuns vers ; d'abord que son conduit sera bouché, ils y fourmilleront ». (2)

C'était aussi l'avis de Tissot. On peut admettre que cet au-

(1) Guersant, *Dict.* en 30 vol. Paris, 1846, XXX, 687, art. VERS.
(2) *Nouveaux Instituts de médecine* de Michel Ettmuller. Lyon, 1693, p. 120.

teur a eu en vue un trouble de l'assimilation, quand il écrit que la « disposition à avoir des vers prouve toujours des digestions imparfaites ». Il indique implicitement les amers aromatiques lorsqu'il ajoute : « ainsi il faut éviter de donner aux enfants qui sont dans ce cas des choses difficiles à digérer ». L'indication de modifier un état constitutionnel est encore mieux exprimée par son dernier mot : « un long usage de la limaille de fer est ce qui détruit le mieux cette disposition vermineuse ». (1)

C'est aussi ce qu'appréciait Underwod, qui trouve que « la difficulté consiste surtout à les déloger (les ascarides) de l'endroit où ils se fixent, ou s'attachent sur les parois internes des intestins ». (2)

Brera est bien plus explicite. La première de toutes les indications qu'il donne est « d'avoir égard à l'état de la condition vitale du système gastro-intestinal et de l'organisme », quand on institue un traitement anthelminthique. Il insiste en ajoutant que « *les vers...... ne sont combattus avec un plein succès qu'autant qu'on parvient, par des moyens appropriés à détruire la disposition qui* en favorise le développement ». Et plus loin il recommande de « ne jamais perdre de vue que, dans le traitement, on doit préférer les *remèdes qui corroborent les tissus organiques* (3) ». Et il cite comme tels « les remèdes excitants fournis d'un principe amer et astringent, propre à renforcer la puissance nerveuse et à rétablir la tonicité des solides ».

---

(1) *Avis au peuple sur sa santé*, 7ᵉ édit. Lausanne, 1777, II, 72.

(2) *Loco cit.*, p. 231.

(3) D'après l'auteur, ces médicaments « entraînent en même temps la sécrétion morbide des humeurs muqueuses, s'opposent à l'érosion et à la consomption de certaines parties, augmentent l'activité des organes destinés aux fonctions naturelles, *incommodent et font périr les vers*, et excitent dans les tissus organiques une *réaction assez énergique pour éliminer* ces hôtes si fâcheux et *pour en prévenir le développement* ultérieur ».

Il semble donc que ce soit l'opinion de son temps, qui est exprimée par le professeur A. Libert. D'après lui, ce n'est pas sans quelque fondement que les pathologistes ont contesté l'action des anthelminthiques sur les vers eux-mêmes. Il incline à penser que ces remèdes n'agissent que d'une manière très secondaire sur les vers, en excitant puissamment l'action contractile des intestins (1). Pour lui, ces remèdes ne sont souvent utiles qu'en augmentant ou en renversant le mouvement péristaltique des voies digestives et en les débarrassant par la voie des selles et des vomissements (p. 336). Peu de vermifuges végétaux agissent directement sur les vers et beaucoup n'opèrent qu'en suscitant une contraction violente et expultrice du conduit intestinal (p. 362).

F. Cazin insiste beaucoup aussi sur l'état de l'intestin dans les affections vermineuses, et il indique comment la thérapeutique doit exercer son action beaucoup plus sur la muqueuse digestive malade de l'hôte, que sur les parasites toujours très résistants qui s'y rencontrent (2).

Dans l'*Abeille médicale* (Juillet 1847), M. Ch. de Hubsch, « insistait, lui aussi, sur ce point important. L'indication à remplir, dit-il, n'est pas seulement de débarrasser le patient de ces hôtes incommodes, il faut encore traiter la constitution individuelle pour empêcher leur nouvelle formation. Admettant la *formation spontanée des vers*, il pense que le but principal, où doivent tendre tous les efforts des praticiens, est de corriger *cet état de la constitution, en vertu duquel les vers se reproduisent*. Ce but, il croit qu'on peut l'atteindre aisément par *les toniques*, et surtout par les préparations martiales, dont l'usage doit être longtemps et exactement suivi ». (3)

---

(1) *Thérapeutique*, 5ᵉ édit. Paris, 1826, I, 338.

(2) *Des vers ascarides lombricoïdes et des maladies que ces animaux causent, accompagnent ou compliquent* (*Journal de méd. et de chir. prat.* Paris, 1851, XXII, 280).

(3) *Bull. gén. de thérap*, XXXIII, 1847, p. 90.

Cette conclusion compte des partisans parmi nos contemporains : « Pendant la durée du traitement, aussi bien qu'après,
alors que l'enfant est débarrassé des ascarides, les préparations de fer rendent beaucoup de services. Je pense, continue
le professeur Ch. West, je pense que, dans ce cas, le remède
n'agit pas seulement comme tonique, mais que, par son mélange avec les sécrétions, il rend la membrane muqueuse
peu propre à servir de siège à la reproduction des vers ». (1)

Altre volte, écrit aussi le professeur Cantani, i vermifughi
agiscono togliendo le condizioni favorevoli al soggiorno nell'
intestino degli elminti,......... sciogliendo il muco intestinale,...... o precipitando il muco (2).

Bien qu'elle ne se trouve pas toujours exprimée en termes
explicites dans les auteurs, c'est manifestement à ces mêmes
indications qu'ils cherchent une satisfaction.

Bon nombre des plus compétents, parmi nos contemporains,
en arrivent à cette conviction. C'est ainsi qu'au récent *Congrès
médical international de Londres* (1881), Sir William Gull a
pu dire, dans son discours présidentiel de la section de médecine, que « les poisons eux-mêmes et les organismes micro-
scopiques, qui en constituent, somme toute, une variété, pro-
duisent des effets différents suivant le nervosisme du terrain
sur lequel ils tombent. »

« M. Delaroque, persuadé que les vers ne se développent
point spontanément dans le canal digestif, mais que la nature
des aliments et des boissons a une action très marquée sur
leur production, conseille avec raison d'en prévenir le développement,...... en soutenant les enfants lymphatiques par le
bon vin et les extraits amers ». (3)

Au dire de Berton, « en Flandre, en Hollande, on se con-

---

(1) Ch. West, *loco cit.*, 1881, p. 702.

(2) Cantani, *loco cit.*, II, 668.

(3) *Journ. de méd. et de chir. prat.* Paris, 1881, II, 316.

tente souvent de prescrire, matin et soir, une cuillerée de vin du Rhin *absinthé ou non* ; ce qui, ajoute l'auteur, doit mieux réussir dans ces pays froids et humides que dans nos climats ». (1)

Le résultat est même si peu douteux, dans certaines régions, que Steiner a pu y trouver, de nos jours, un moyen de diagnostic. « Dans les cas douteux, écrit-il, on administrera à l'enfant chaque jour du vin blanc un peu acide ; s'il est porteur de vers, il ne tarde pas habituellement à s'en montrer un ». (2)

Il pourra donc ne pas paraître inopportun , de rassembler quelques recherches au sujet des amers et du fer employés comme anthelminthiques.

---

(1) E.-A.-T. Berton, *Traité prat. des mal. des enf.*, 2e édit. Paris, 1842, 678.

(2) Johan Steiner, *Compendium des mal. des enf.*, trad. de l'allemand par P. Kareval. Paris, 1880, 434.

Dans la traduction de Léonard Fousch, *commentaires très excellens…….*, que nous avons cités plus haut, on trouve les renseignements suivants :

D'après Galien, « ce n'est pas hors de raison de dire qu'elle (l'Auronne) tue les vers : *veu qu'elle est amère* ». (Chap. II. F).

D'après Dioscoride, « iceluy (la grande Joubarbe) pareille-mēt beu avec du vin, poulse hors des boyaux les vers ronds ». (Chap. X. E).

L'auteur lui-même donne comme *addition* « oultre les vertus dessus dictes, on a cogneu par expérience que les fleurs d'Athanasie *(tanaisie)* bouillies avec laict ou vin, faict aux petis enfans iecter hors les vers. Et partant aulcuns appellent ceste espèce d'Armoise, l'herbe aux vers ». (Chap. XIII. G.)

Le même constate que « les modernes…… usent des fleurs de iaulne Amaranthus cuictes en vin contre les vers ». (Chap. XXXIII. E).

Et plus loin : « Avec ce ils (les modernes) adioustent que la graine (de grande scrophulaire) est de très grande efficace pour tirer les vers, et les faire sortir, laquelle chose n'est pas impossible, *veu son amertume* ». (Chap. LXXI. D).

D'après Dioscoride, « farine de Lupins réduicte en forme de looch avec miel poulse les vers hors du ventre. Autant font-ils après qu'ils ont trempé quelque peu, et qu'on les mange *retenans encore de l'amertume.* De pareille efficace est la décoction d'iceulx bouillis avec Rue et poyvre si on la prend en breuvage ». D'après Galien, « en cataplasme il tue les vers, aussi fait-il réduict en forme de looch avec miel ou beu avec hydromel. Et qui plus est, sa seule décoction ha puissance de tuer les vers ». De même d'après Pline. (Chap. cxvi).

D'après Galien, « la graine d'iceluy (chou bon à manger), chasse les vers, principalement d'iceluy d'Egypte, en tant qu'il est de plus sèche température. Certes la graine est quelque peu *amère, cōme sont tous autres médicamens bons et vaillables pour poulser hors les vers* ». (Chap. clviii. E).

D'après Galien : « A ceste cause aussi est-elle (la nielle saulvaige) amère. *Et pourtant ce n'est pas merveille, si elle tue les vers* tant en breuvage que par application extérieure ». (Chap. cxcii. E).

Encore d'après Galien, « en l'écorce de la racine (du meurier), la vertu purgative surmonte *avec amertume, en sorte qu'elle* peut tuer les vers ». (Chap. cxcviii).

Ettmuler reconnaît que « les simples amers tüent les vers et remédient aux défauts du sang qui dépendent du manque ou du vice de la bile ». (1)

« En général, écrit Fuller, presque tous les amers sont vermifuges ». (2)

Enecantur (vermes) interventu plantarum quœ gaudent sapore amaricante fœtido, ut foliis et seminibus absinthiorum, prœsertim santonici seu cinœ (c'est à dire la semen-contra)... etc., etc. : *omnia amara prosunt.* (3)

« L'efficacité des *contre vers* a été beaucoup contestée et l'est encore, constate Lieutaud ; .... le *semen-contra* et les autres *amers* ; la *limaille de fer,* etc., etc., sont les vermifuges

---

(1) *Nouveaux Instituts de médecine* de Michel Ettmuller. Lyon, 1693, p. 121.

(2) Fuller, *Abrégé de toute la médecine pratique* de J. Allen, 4ᵉ édit. Paris, 1752, III, 93.

(3) Fr. Boissier de Sauvages (de Montpellier), *Nosologia methodica sistens morborum classes juxta Sydenhami mentem.* Amsterdam, 1768, II, 690.

les plus en usage : on les mêle communément avec les purgatifs, et cette pratique est très bonne ». (1)

Hipp. Cloquet, plus concis et plus affirmatif, écrit que « les
toniques, les amers, les ferrugineux peuvent **seuls**..... mettre
la constitution du malade dans la condition la moins propre à
favoriser le développement des vers ». (2)

Cette netteté un peu absolue n'a pas prévalu. Bien des auteurs font des réserves.

« Dans les cas rebelles, on s'applaudira de donner régulièrement des purgatifs, de manière à produire un effet continuel,
mais modéré, sur les intestins. Après l'expulsion des vers, une
infusion amère, ou l'eau de chalybé sera utile pour fortifier les
intestins, ou on peut même les employer pendant qu'on administre les purgatifs. » (3)

Les auteurs nous disent, avait écrit Broussais (120-121), que
c'est des amers, des toniques, des astringens, qu'on doit espé-
rer la cure radicale des vers.

C'est vrai, ajoute le célèbre réformateur; c'est vrai, si
le mucus en excès est causé par la faiblesse, par le relâche-
ment;

c'est faux, si le mucus est engendré par une irritation in-
flammatoire.

Tels sont les principes qui ont inspiré bon nombre de ceux
qui ont suivi, et qui ont dicté toute une série de préceptes
d'hygiène et de thérapeutique(4), et plus spécialement l'huile de
foie de morue, indiquée tout d'abord par Carron du Villiards(5),

---

(1) *Précis de la médecine pratique*, 4e édit. 1787, III, 321.

(2) *Faune des médecins*, l. c., 124.

(3) M Burns, *Tr. des accouchements, des mal. des femmes et des enf* trad. de
l'anglais. Paris, 1855. 527, 1.

(4) Bouchut, *Mal. des enf.*, 5e édit. Paris, 1867, 585.

(5) *Bull. gén. de thérap.*, 1834, VI, 266.

e sirop antiscorbutique, le sirop de quinquina, et d'une manière générale les toniques.

Il y a plus : les auteurs du *Dictionnaire universel de matière médicale et de thérapeutique générale* écrivent du semencontra, « qu'il est actif, et a le double avantage de chasser les vers et de remédier à la faiblesse intestinale........ Peut-être même, ajoutent ces auteurs, pourrait-on croire qu'il n'est vermifuge, que parce qu'il est tonique ». (1)

« *Il paraît*, dit un autre auteur, que, soit par la fragrance et l'intensité de leur principe odorant, soit par les autres principes auxquels ils doivent la saveur prononcée qui les distingue, ils agissent toxiquement sur les entozoaires, les font mourir (? !)... » (2).

Trousseau, Pidoux et M. Constantin Paul (1877. II. 1990) sont aussi d'avis que tous les végétaux fortement amers sont doués de propriétés vermifuges non équivoques.

On sait que Tourtual a vanté d'une manière spéciale les préparations ferrugineuses et que le professeur Cruveilhier conseillait de donner tous les soirs aux enfants lymphatiques, qui rendent des vers intestinaux, une cuillerée de vin de quinquina pendant 4 ou 5 jours (3).

---

(1) F.-V. Mérat et A. De Lens. Paris, 1834, VI, 303.

(2) P. Mottet. *Nouvel essai de thérapeutique indigène*. Paris, 1852, p. 375.

(3) Rilliet et Barthez, *Tr. clin. et prat. des mal. des enf.*, 2e édit. Paris, 1861, III, 893.

Le but du traitement doit être moins de tuer le ver, que de modifier l'état constitutionnel ou accidentel de l'intestin.

On peut donc l'affirmer avec Pinel : « Ce qui nous importe le plus, c'est d'empêcher le développement des vers, ou, si celui-ci est trop avancé, de tâcher de les expulser. On obtient le premier avantage en donnant du ressort aux fibres du canal intestinal, et en prévenant ainsi la génération de la mucosité, qui sert de siège aux vers. On remplit l'autre objet, en évacuant de temps en temps les premières voies, et en employant, après une légère évacuation, les toniques, comme la limaille de fer, le quinquina, l'exercice du corps, des lotions d'eau froide sur le ventre. » (1)

Ces soins sont d'une si grande importance, que les auteurs du *Compendium* ajoutent, après en avoir fait l'énumération : « On voit tous les jours de jeunes enfants, qui étaient tourmentés par un nombre considérable de lombrics, en être débarrassés par le seul changement de nourriture et d'habitation ». (2)

Guersant n'est pas moins explicite. Il n'hésite pas à reconnaître la valeur de l'éloignement de toutes les causes prédisposantes ; mais « c'est surtout dans l'emploi du régime animal,

---

(1) Th. Pinel, *Nosographie philosophique, ou la méthode de l'analyse appliquée à la médecine*, 5ᵉ édit. Paris, 1813, III, 575.

(2) De la Berge, Monneret et Louis Fleury, *Compendium de médecine*, 1836, I, 339, 1.

et d'une administration bien réglée des toniques et des exci-
tans, qu'on trouvera le plus sûr moyen prophylactique des affections vermineuses. Le changement de régime, affirme-t-ii,
seul suffit souvent pour procurer l'expulsion des vers. Et il
justifie son affirmation. J'ai observé des enfants, écrit il, qui
étaient tourmentés par des ascarides lombricoïdes pendant le
temps qu'ils étaient à la campagne, nourris de lait et de fruits :
de retour à la ville, et mis à l'usage des potages, au bouillon
de viande, ils rendaient des quantités considérables de vers, et
en étaient ensuite complètement débarrassés (1).

On est quelque peu surpris qu'un si petit nombre de médecins contemporains (2) apprécient à la manière de Guersant
l'importance des soins hygiéniques, qui suffisent.

On s'étonne surtout, que si peu nombreux soient ceux, qui
ont été frappés de l'insuffisance, et parfois même des dangers
de la médication dite anthelminthique.

Dans le milieu particulièrement favorable de la Flandre
Française (3), nous sommes quelque peu autorisés à indiquer
une méthode thérapeutique, qui ne nous a donné que d'heu-
reux résultats, sans aucun accident.

Cette méthode répond à l'indication, non pas de tuer le ver,
mais bien de lui constituer dans le canal digestif un milieu
inhabitable.

Le but ainsi poursuivi n'est pas sans analogie avec celui qui

---

(1) Guersant, *Dict.* en 30 vol. Paris, 1846. XXX, 689, art. VERS.

(2) F. Barrier, *Tr. prat. des mal. de l'enf.*, 3ᵉ édit. Paris, 1861. II, 120. —
S.-E. Maurin, *Form. mag. pour les mal. des enf.* Paris, 1881, 888.

(3) « Les vers intestinaux sont très communs, non seulement chez les enfants
mais encore chez les jeunes gens et les adultes. Ils occasionnent de violents
désordres dans l'estomac et les intestins, et causent, chez les enfants surtout, des
convulsions qui peuvent devenir mortelles. » (*Topographie historique, statistique
et médicale de l'arrondissement de Lille* (*Nord*), par J.-B. Dupont. Paris, 1833,
p. 182.)

est indiqué par M. le professeur Fonssagrives pour la modification des surfaces (1).

Il consiste à faire prendre aux enfants, pendant cinq à huit jours, trois fortes doses quotidiennes d'une préparation amère, (de préférence sirop de quinquina, sirop d'écorces d'oranges amères, vin de quinquina); et ensuite seulement, alors que l'état de la muqueuse digestive a été ainsi modifiée, administrer un purgatif (calomel ou huile de ricin).

Parfois cependant, après le traitement, quelques œufs existent encore dans les matières stercorales. Il importe dans ce cas de renouveler toute la série. Nous n'avons jamais observé d'œufs dans les garderobes après cette seconde série, lorsque les doses avaient été suffisantes et lorsque l'exactitude avait été véritable.

---

(1) Dans le groupe des neutralisants de parasites, se placent un grand nombre de médicaments étiocratiques s'adressant à la cause même des troubles morbides, et la détruisant par une action qui leur est propre, en quelque endroit de l'économie qu'ils la rencontrent.

Ces médicaments agissent de trois façons :

1° En tuant les parasites par une action toxique propre exercée sur eux et à laquelle les organismes parasitifères demeurent indifférents ;

2° Par une action mécanique qui asphyxie les parasites ;

3° Par *un changement dans l'état chimique des surfaces sur lesquelles ils vivent.*

Je donnerai comme exemple du premier de ces modes d'action, l'influence délétère exercée sur les animaux inférieurs par les mercuriaux, le quassia amara, la pyrèthre, la créosote, le camphre, les essences, etc.

Nous trouvons des types du second dans l'action invisquante de la glycérine, des corps gras, du sucre, qui tuent certains parasites en arrêtant chez eux la respiration cutanée.

(Comme type du troisième, l'auteur indique l'action des alcalins contre l'*oïdium albicans.*)

J.-B. Fonssagrives. *Principes de thérapeutique générale.*
Paris, 1875, p. 358.

Conclusions.

Nous nous résumerons donc dans les conclusions suivantes :

1° Le semen-contra, (dont l'action est souvent confondue avec celle de la santonine), est et demeure depuis longtemps le médicament préféré dans le but de tuer et d'expulser les ascarides lombricoïdes du canal digestif de l'Homme.

2° La santonine ne tue pas net les ascarides lombricoïdes ; elle est pour ces parasites un excitant, qui augmente et précipite leurs mouvements et exagère, par ce mécanisme, les accidents réflexes d'une part, les obstructions intestinales d'autre part.

3° La santonine dans le traitement des ascarides lombricoïdes n'est donc pas toujours indiquée. Sans action nuisible, si les parasites sont à la fois et jeunes et en nombre modéré, ce médicament peut n'être pas sans danger, même à dose rationnelle, si les parasites vivants sont grands et âgés, ou encore s'ils sont en nombre considérable.

4° Les purgatifs, souvent indiqués, ont valu à bien des médecins plus de résultats que les vermifuges donnés en même temps. La méthode évacuante peut d'ailleurs suffire pour déterminer l'expulsion des ascarides lombricoïdes.

5° Les soins hygiéniques appropriés pour combattre l'état lymphatique des sujets, et parfois même le seul changement d'alimentation et d'habitation, ont pu, sans le secours d'aucun médicament, déterminer la complète expulsion des ascarides lombricoïdes.

6° Il est donc indiqué d'instituer le traitement des ascarides lombricoïdes, selon les circonstances de chaque cas en particulier, soit en ayant recours à la méthode évacuante, soit en instituant les soins hygiéniques et pharmaceutiques que comporte l'état lymphatique de l'hôte des parasites.

APPENDICE.

A défaut d'expériences faites sur l'Homme, on trouve le fait
suivant dans la thèse de M. Jean Duval (Paris, 1880, n° 106),
sur les habitants d'Indret :

Depuis de nombreuses années, ce qui n'a point changé chez
eux, c'est le régime, le mode d'alimentation. La plupart
d'entre eux, originaires de la contrée, ne l'avaient jamais
quittée et se nourrissaient comme ils avaient été nourris dans
leur enfance. Un peu de laitage, du pain, de la bouillie, des
légumes, fort rarement du poisson, presque jamais de viande ;
en définitive une nourriture trop peu animale, fortement amy-
lacée, tel est le régime ordinaire des ouvriers d'Indret, surtout de ceux qui habitent en dehors de l'île ; car la partie rési-
dant dans l'île même, privilégiée au point de vue de la solde,
et du logement qui lui est donné gratuitement, peut vivre dans
de meilleures conditions.

La question de l'alimentation est trop complexe pour que la
solution en soit bien facile. Néanmoins j'ai fait une observation
qui, si elle ne nous dit pas la part d'influence sur la production
des lombrics, qui doit revenir à tel ou tel aliment, semble tout
au moins nous indiquer que *l'usage d'une nourriture animale, avec celui d'une boisson fermentée, constituerait une
condition défavorable à leur développement* ; ce qui viendrait
à l'appui de l'opinion des auteurs qui signalent l'alimentation
féculente et l'absence de boissons fermentées comme des circonstances favorisant la production des vers.

Il existe au village de la Briandière, où se trouvent groupées de nombreuses familles d'ouvriers, deux de ces familles vivant presque porte à porte et dans des conditions aussi identiques que possible, excepté au point de vue de l'alimentation. La première famille, B..., se compose de sept personnes, le père simple ouvrier, la mère, quatre enfants (des filles) et une vieille grand'-mère ; la seconde, Ger..., se compose du père, également ouvrier à Indret, de la mère, de trois enfants dont deux garçons, et aussi une vieille grand'-mère. Logement identique des deux côtés, bas et humide ; même défaut de propreté et de soins hygiéniques. Je dois ajouter que les deux mères de famille sont atteintes d'infirmités qui ne leur permettent pas de donner à leurs ménages les soins qu'ils réclameraient : la femme B... est atteinte de kyste de l'ovaire, la femme Ger... de mal de Pott. Jusque-là à peu près aucune différence dans le mode d'existence des deux familles.

Mais la famille B..., dont la misère est plus connue, reçoit d'une Société de bienfaisance des secours réguliers consistant en *trois litres (au moins) de vin par semaine, deux pot-au-feu, de la viande trois fois la semaine*, et en plus, de la part de voisins charitables et d'autres personnes plus éloignées, de nombreux secours irréguliers de *vin, restes de table* et même argent ; je sais pertinemment qu'on n'y manque presque jamais *de vin* et *de viande*. Or, j'ai interrogé les parents : la mère a eu des vers dans son enfance, mais les enfants âgés de 4 à 11 ans, qui sont d'une assez bonne santé, n'en ont jamais eu, ce qui est un fait exceptionnel pour le village de la Briandière.

Les nommés Ger..., au contraire, sont ce que l'on appelle des pauvres honteux. Peu de gens connaissent leur misère : aussi est-il rare que quelqu'un leur vienne en aide. La mère seule boit du vin. Les légumes, le laitage, la bouillie, le pain, l'eau comme boisson : tel est le régime ordinaire du père et des enfants. J'ai constaté des vers chez les trois enfants ; j'en ai constaté *chez le père aussi* au début d'une pneumonie.

Ce fait de deux familles vivant dans les mêmes conditions, sauf la nourriture, qui est animale et accompagnée de liquides fermentés chez l'une d'elles, et végétale sans boisson fermentée chez l'autre, ne semble-t-il pas concluant?

En effet, ces deux familles puisent les eaux du ménage à la même source, en boivent toutes les deux ; or, chez l'une je n'ai jamais constaté de vers, tandis que tous les membres de l'autre, excepté la mère, en ont eu.

En conséquence, je me crois autorisé à y voir une influence due au régime dans le sens que j'ai indiqué plus haut.

Ces faits parlent assez par eux-mêmes.

Il est évident que les germes d'ascarides pénétraient de la même manière dans les deux familles.

D'un côté, l'organisme ne présentait aucune réceptivité.

De l'autre, existait en permanence l'état d'opportunité morbide.

Il est donc rigoureusement indiqué de baser la prophylaxie sur la destruction de cet état de réceptivité ; — et de fonder le traitement, non seulement sur la méthode évacuante, mais encore et surtout sur la méthode des reconstituants, la plus efficace pour combattre l'état d'opportunité morbide, résultant de la constitution lymphatique.

TABLE DES MATIÈRES.

Lille Imp. L. Danel.

www.ingramcontent.com/pod-product-compliance
Lightning Source LLC
Chambersburg PA
CBHW070920210326
41521CB00010B/2257